Ajay Babu

Aplicação de SIG, RS e GPS para análise do crescimento urbano

Ajay Babu

Aplicação de SIG, RS e GPS para análise do crescimento urbano

ScienciaScripts

This book is a translation from the original published under ISBN 978-3-659-53152-1.

Publisher:
Sciencia Scripts
is a trademark of
Dodo Books Indian Ocean Ltd. and OmniScriptum S.R.L publishing group

120 High Road, East Finchley, London, N2 9ED, United Kingdom
Str. Armeneasca 28/1, office 1, Chisinau MD-2012, Republic of Moldova, Europe
Printed at: see last page
ISBN: 978-620-7-48938-1

Índice

AGRADECIMENTOS

Há muitas pessoas e organizações que merecem um agradecimento sincero pelas suas preciosas contribuições para este estudo.

Em primeiro lugar, gostaria de expressar os meus agradecimentos especiais à Direção de Investigação e Publicações da DMU por ter dado esta oportunidade de realizar este estudo.

Gostaria de expressar os meus sinceros agradecimentos a todo o pessoal das bibliotecas da Universidade de Debre Markos e da biblioteca municipal de Debre Markos pelo seu apoio material.

Os meus agradecimentos a Ato Beyene Wubishaw, Diretor do Departamento de Geografia e Estudos Ambientais, a Ato Fekadie Mengistie, Decano do Departamento de Ciências Sociais e Humanas e a outros membros do pessoal do Departamento de Geografia e Estudos Ambientais pelo seu apoio moral.

Por último, mas não menos importante, o meu apreço e a minha gratidão vão para o meu pai, a minha mãe, a minha mulher Bharghavi e os meus filhos - Ronit e Sarvika Reddy - que são suficientemente corajosos para prever o meu sucesso após a conclusão do estudo.

ACRÓNIMOS

ASTER	Advanced Space borne Thermal Emission and Reflection Radiometer
CSA	Central Statistical Agency
EC	Ethiopian Calendar
EMA	Ethiopian mapping Agency
ERDAS	Earth Resource Data Analysis System
ESRI	Environmental Systems Research Institute
Est.	Estimated
GC	Gregorian Calendar
GCPs	Ground Control Points
GIS	Geographical Information Systems
GPS	Global Positioning System
HRV	High resolution visible
IRS	Indian Remote Sensing
Kms	Kilometers
LIDAR	Light Detection and Ranging
LISS	Linear Imaging Self Scanner
MODIS	Moderate Resolution Imaging Spectra Radiometer
MoFED	Ministry of Economic Development and Planning
MSS	Multi Spectral Scanner
NRSA	National Remote Sensing Agency
PAN	Panchromatic
RADAR	Radio Detection and Ranging

RS	Remote Sensing
SONAR	Sound Detection and Ranging
Sq. Kms	Square Kilometers
SSA	Sub Sahara Africa
SWIR	Short wave infrared
SPOT	Le Système Pour l' Observation de la Terre
TIR	Thermal Infrared
UN	United Nations
Mm	Micro Meters

RESUMO

O crescimento urbano é um fenómeno mundial. O crescimento urbano é um processo que ocorre rapidamente, ocupando os terrenos adjacentes de uma zona urbana e alterando o padrão de utilização dos solos, as características demográficas e transformando as actividades económicas da população. Ao longo dos anos, as cidades da Etiópia têm registado uma enorme expansão, o que gera uma grande preocupação para os planeadores urbanos. O presente estudo utilizou as tecnologias SIG, Deteção Remota e Sistema de Posicionamento Global para identificar a natureza da expansão física na cidade de Debre Markos durante 1984-2012.

O investigador descobriu que a população da cidade de Debre Markos registou uma expansão de 170,50 % entre 1984 e 2012. A área construída cobria 6,78 km2 em 1984 e aumentou para 12,76 km2 em 2012. A cidade cresceu a uma taxa anual de 3,15 km2 e 3,57%.

De acordo com o estudo, a área construída cresceu de 6,78 para 10,93 durante 1984-2004 e de 10,93 para 12,76 km2 entre 2004 e 2012. Entre 1984 e 2012, registou-se um aumento de 44,04%. A cidade invadiu muitas áreas agrícolas e florestais preciosas durante o período de estudo.

Para acompanhar o crescimento físico das cidades, o investigador recomenda a introdução de tecnologias modernas e a utilização de técnicas de gestão adequadas pelas autoridades de planeamento urbano.

Palavras-chave: SIG, Deteção Remota, GPS, Crescimento urbano

1. INTRODUÇÃO

1.1. Antecedentes do estudo

Nos últimos anos, as cidades de todo o mundo registaram um crescimento rápido devido ao aumento acelerado da população mundial e ao fluxo irreversível de pessoas das zonas rurais para as zonas urbanas. Especificamente, nas grandes cidades do mundo em desenvolvimento, a taxa de aumento da população tem sido constante e, atualmente, muitas delas enfrentam aglomerações não planeadas e não controladas nos locais ou franjas densamente povoados. Para evitar estas situações, os urbanistas precisam de mapas actualizados e detalhados para um planeamento e gestão completos. No entanto, a maioria dos planeadores urbanos não dispõe desses mapas e, muitas vezes, possui dados antigos que não são relevantes para a tomada de decisões actuais. Mesmo que não possuam um mapa detalhado e atualizado da área da cidade, um mapa atualizado regularmente com uma resolução aceitável pode, pelo menos, dar-lhes uma impressão sobre as mudanças na área da cidade (Amarsaikhan et al. 2004).

Desde 1950, a urbanização tornou-se um fenómeno mundial. Embora o ritmo da mudança tenha variado consideravelmente entre países e regiões, praticamente todos os países do terceiro mundo têm estado a urbanizar-se rapidamente. Os centros urbanos prolongam-se no solo e é o solo que constitui a maior parte de todo o ambiente. Qualquer planeamento urbano bem adaptado ao ambiente deve começar com uma visão global da utilização do solo. Consequentemente, há uma grande necessidade de dados e informações pormenorizados para os planeadores sobre a extensão, a cobertura e a distribuição espacial das diversas utilizações do solo urbano, a diferenciação da habitação, os padrões de crescimento, a população, a expansão urbana, a disponibilidade de infra-estruturas, os serviços de utilidade pública, a franja urbana, etc. A expansão rápida e aleatória das cidades é um fenómeno típico da paisagem urbana na Índia. A expansão das cidades dentro e fora dos seus limites continua a ser, infelizmente, uma área negligenciada na investigação urbana. Não existe uma fronteira definida entre o fim da zona urbana e o início da zona rural. As cidades espalham-se pelas jurisdições das zonas rurais, que não dispõem de recursos financeiros nem de conhecimentos técnicos para planear e resolver os problemas do crescimento das cidades para além dos seus limites. As autoridades urbanas também ignoram a gestão das zonas urbanas em rápido desenvolvimento. O crescimento das cidades não é planeado, monitorizado e cartografado corretamente utilizando técnicas recentes (Rao, Prakash 1983). Por conseguinte, é necessário cartografar sistematicamente todas as cidades da Etiópia para detetar as alterações ocorridas dentro e à volta das zonas urbanizadas.

1.2. Declaração do problema

Os lugares urbanos representam ambientes construídos que se distinguem fisicamente do ambiente natural, sendo assim potencialmente identificáveis através da utilização de fontes de deteção remota, como imagens de satélite e fotografias aéreas. Atualmente, a maior parte da população mundial vive em cidades e metrópoles. No entanto, acontece frequentemente que os aglomerados populacionais crescem irregularmente sob a pressão das massas que chegam às cidades e não se desenvolvem de acordo com planos bem definidos. Por isso, é necessário monitorizar as áreas urbanas com actualizações frequentes (Seid, 2007).

Devido à elevada migração, ao aumento natural e à reclassificação administrativa das zonas rurais da periferia em povoações urbanas, a urbanização está a criar uma expansão urbana contínua e problemas associados nas cidades dos países em desenvolvimento. Por exemplo, se olharmos para as tendências de urbanização na África Subsariana, como a população urbana está a aumentar a um ritmo muito acelerado, as cidades africanas estão a sofrer uma urbanização rápida que conduz a um desenvolvimento insustentável.

A urbanização é inevitável, quando a pressão sobre a terra é elevada, os rendimentos agrícolas são baixos e o aumento da população é excessivo, como é o caso na maioria dos países em desenvolvimento do mundo. A urbanização tornou-se não só a principal manifestação, mas também um motor de mudança, e o século XXI tornou-se o centro da transição urbana para a sociedade humana. De certa forma, a urbanização é desejável para o desenvolvimento humano. No entanto, a urbanização descontrolada tem sido responsável por muitos dos problemas que as nossas cidades enfrentam atualmente, resultando em condições de vida precárias, problemas graves de água potável, poluição sonora e atmosférica, eliminação de resíduos, congestionamento do tráfego, etc. Para melhorar estas degradações ambientais nas cidades e nos seus arredores, o desenvolvimento tecnológico em domínios relevantes tem de resolver estes problemas causados pela rápida urbanização, só então os frutos do desenvolvimento chegarão à maioria das pessoas desfavorecidas.

A moderna tecnologia de deteção remota, que inclui sistemas aéreos e de satélite, permite-nos recolher muitos dados físicos com bastante facilidade, rapidez e de forma repetitiva e, juntamente com o SIG, ajuda-nos a analisar os dados espacialmente, oferecendo possibilidades de gerar várias opções, optimizando assim todo o processo de planeamento. Estes sistemas de informação também oferecem a interpretação de dados físicos (espaciais) com outros dados socioeconómicos, proporcionando assim uma ligação importante no processo de planeamento total e tornando-o mais eficaz e significativo.

Os recentes avanços tecnológicos realizados no domínio da tecnologia espacial têm um impacto considerável nas actividades de planeamento. Este domínio do planeamento é de importância primordial para um país como a Etiópia, com padrões geográficos variados, actividades culturais, etc. O objetivo da utilização do SIG é que os mapas fornecem uma dimensão adicional à análise de dados, o que nos aproxima um pouco mais da visualização dos padrões e relações complexos que caracterizam o planeamento do mundo real e os problemas políticos. A visualização de padrões espaciais também apoia a análise de mudanças, o que é importante na monitorização de indicadores sociais. Isto, por sua vez, deverá resultar numa melhor avaliação das necessidades.

A Etiópia, tal como muitos dos países em desenvolvimento, tem um problema com a expansão urbana e o crescimento da população nas principais cidades e vilas. Por exemplo, ao longo das últimas décadas, Debre Markos, a capital de East Gojjam, expandiu-se significativamente devido a diferentes actividades de desenvolvimento e à migração de pessoas das zonas rurais. Várias mudanças ocorreram e estão a ocorrer na cidade, mas não existem mapas actualizados regularmente que indiquem essas mudanças. Em geral, deve ser interessante estudar e observar o crescimento urbano da cidade de Debre Markos nos últimos anos. Diz-se que as zonas urbanas são centros nodais para a difusão da educação, dos cuidados de saúde, da administração, da tecnologia, do lazer, dos bens e serviços e das oportunidades de emprego para o interior circundante. Os viajantes, os homens de negócios, etc., precisam de dados sobre as cidades. Em muitas cidades, poucas autarquias dispõem de um mapa da cidade que inclua estradas, quarteirões, limites e localização de alguns locais importantes como hospitais, paragens de autocarro, correios, bancos, etc. Os mapas de muitas cidades estão desactualizados e não contêm informações completas sobre as estradas, os limites e a expansão física. Por conseguinte, não mostram o que se passou nos últimos anos. É necessário atualizar os mapas das cidades, mostrando a expansão física com a maior frequência possível, de modo a acompanhar o rápido desenvolvimento que ocorre dentro e fora da sua jurisdição. Por isso, a cidade de Debre Markos escolheu este estudo para gerar uma base de dados espaciais urbanos utilizando tecnologias de Deteção Remota, Sistema de Informação Geográfica e Sistema de Posicionamento Global para ajudar as gerações actuais e futuras.

1.3. Objectivos do estudo

1.3.1. Objetivo geral

Este trabalho de investigação tem como objetivo geral identificar as zonas de expansão da cidade de Debre Markos e dos seus arredores.

1.3.2. Objectivos específicos

Os objectivos específicos do estudo são:

1. Mapear a expansão da cidade de Debre Markos durante 1984-2004.

2. Demarcar os limites da cidade de Debre Markos em 2012.

3. Compreender a tendência da expansão física da cidade durante 1984-2012.

1.4. Questões de investigação

A fim de atingir os objectivos acima referidos, foram utilizadas as seguintes questões como orientação para o estudo.

> Quais são as principais áreas de crescimento físico na área de estudo?

> Como se apresentam as tendências actuais de expansão urbana na cidade?

> Como é que o crescimento físico da cidade foi acompanhado durante 1984-2012?

1.5. Materiais e metodologia

Para efeitos de monitorização do crescimento físico, deteção de padrões e cartografia, este estudo utiliza diferentes métodos de recolha, análise e apresentação de dados. Entre estes, o mapeamento participativo, o SIG e as técnicas de RS foram as principais técnicas. Além disso, foi utilizado um instrumento GPS para recolher pontos de controlo recentes no terreno.

1.5.1 Fontes de dados

Os dados para esta investigação são obtidos a partir de fontes primárias e secundárias. Os dados primários foram recolhidos no terreno

com a ajuda de um instrumento GPS e foram obtidos dados secundários de diferentes fontes, conforme resumido no Quadro 1.

Os dados secundários utilizados para esta investigação são a imagem de satélite IRS 1D (LISS 1V) de 2004 da Indian Remote Sensing Agency (NRSA), o mapa topográfico de 1984 à escala de 1:50.000 da Ethiopian mapping Agency (EMA) e dados estatísticos da Central Statistical Agency (CSA) e da administração da cidade de Debre Markos. Os dados sobre o crescimento da população foram recolhidos junto da administração da cidade de Debre Markos, de documentos publicados e não publicados, de relatórios, de livros e da Internet.

Quadro 1.1 Dados de base

S.N.	Tipo de dados	Fonte de dados	Data	Outras características
1	Mapa topográfico de Debre Markos	Agência de Cartografia da Etiópia	1984	Escala de 1:50.000
2	Imagem de satélite de Debre Markos	IRS 1D (LISS IV)	2004	Resolução espacial: 23 metros
3	Dados GPS	Inquérito de	2012	Modelo n.º : GARMIN 60

		campo		

Fig 1.1 Mapa topográfico da zona de estudo

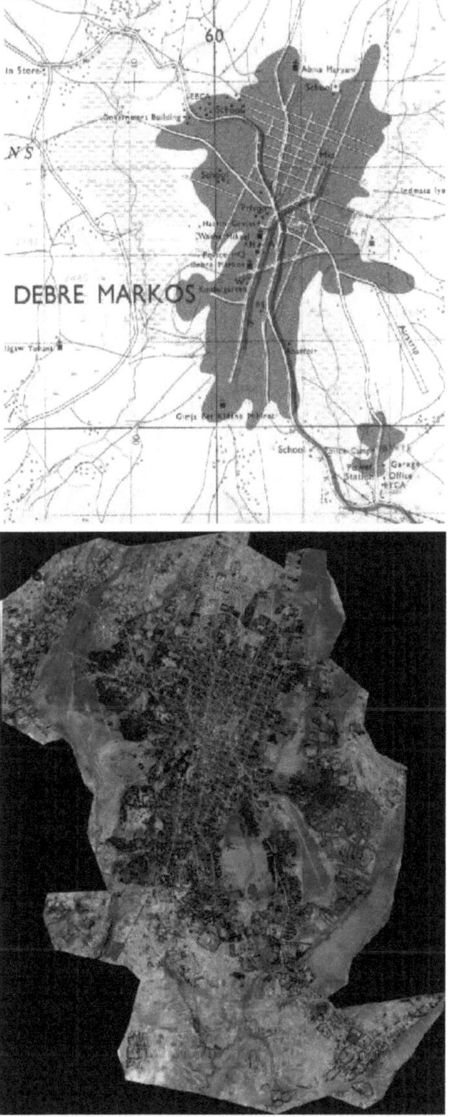

Fig 1.2 Imagem de satélite da área de estudo

1.5.2 Metodologia

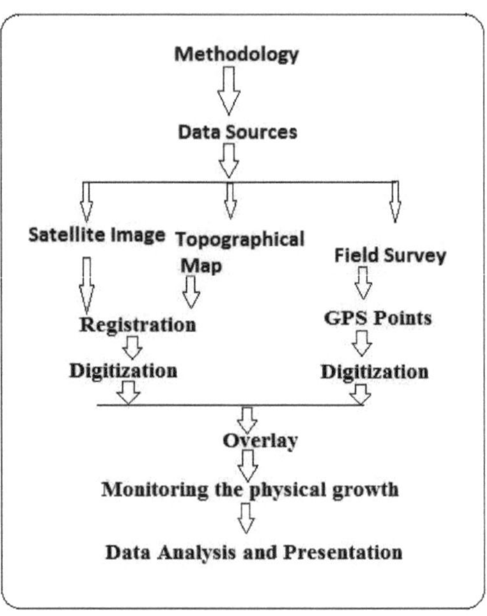

Fig 1.3 Fluxograma da metodologia

A figura 1.3 mostra a metodologia do estudo. O investigador utilizou diferentes métodos de aquisição de dados para os recolher no terreno. Neste estudo, as imagens de satélite e o mapa topográfico de 1984 foram registados ou geo-referenciados. Os limites da cidade de Debre Markos e as estradas principais foram digitalizados com recurso ao software ArcGIS 9.2. O instrumento GPS GARMIN 60 foi utilizado para o levantamento no terreno para recolher informações recentes (2012) sobre os limites da cidade. Finalmente, todos os mapas digitalizados foram sobrepostos para conhecer a expansão física da cidade durante 1984 - 2012.

1.6. Importância do estudo

A investigação terá os seguintes significados:

A Administração da Cidade e os Gabinetes Municipais terão informação actualizada sobre o estado atual dos limítes da sua cidade. Ajudará os decisores políticos, o Ministério das Florestas, o Ministério da Agricultura e outros organismos interessados a formular leis adequadas para minimizar o risco para os recursos naturais. Ajudará as instituições académicas e os centros de investigação a realizar mais investigação sobre a questão em diferentes contextos.

1.7. Delimitação do estudo

O estudo foi delimitado ao crescimento físico da cidade de Debre Markos e dos seus arredores durante 1984-2012.

É evidente que a abordagem de todos os temas de investigação é muito importante para se obter um resultado abrangente, no entanto, devido a diferentes limitações de recursos, o investigador preferiu concentrar-se no crescimento físico da cidade.

1.8 Organização do documento

Este estudo está organizado em cinco capítulos. O primeiro capítulo fornece informações de base sobre o estudo. O capítulo dois introduz o estudo no contexto da literatura existente sobre o conceito de crescimento físico e o seu impacto na expansão urbana. Inclui também uma revisão de vários estudos efectuados nas áreas do sistema de informação geográfica, da deteção remota e do sistema de posicionamento global, juntamente com conclusões importantes e lacunas de conhecimento que necessitam de mais investigação, o que nos orienta para a formulação do objetivo do estudo e das questões centrais a responder. O capítulo três trata dos antecedentes da área de estudo, dos materiais e da metodologia aplicados nesta investigação. O capítulo quatro centra-se na análise dos dados e na parte da apresentação. O capítulo final, ou seja, o capítulo cinco, trata das conclusões e recomendações.

CAPÍTULO 2

2. REVISÃO DA LITERATURA RELACIONADA

2.1. Crescimento urbano: Uma visão geral

O crescimento urbano é o crescimento físico das zonas urbanas em resultado da migração rural e mesmo da concentração suburbana nas cidades, em especial nas muito grandes. As Nações Unidas projectaram que metade da população mundial viveria em zonas urbanas no final de 2012. Em 2050, prevê-se que 64,1% e 85,9% do mundo em desenvolvimento e do mundo desenvolvido, respetivamente, estarão urbanizados em todo o mundo (http://en.wikipedia.org/wiki/Urbanization).

O processo de urbanização é um fenómeno mundial que ocorre em todo o mundo, onde o ser humano reside. Todos os países são propensos a este fenómeno desconcertante, principalmente devido ao aumento do crescimento da população, da economia e das iniciativas de infra-estruturas. A extensão do crescimento urbano ou urbanização é um desses fenómenos que impulsiona a alteração dos padrões de utilização dos solos. Com a expansão da rede de estradas e a crescente dependência do automóvel, a população começou a deslocar-se das cidades para a periferia e, assim, o padrão de utilização do solo dessas áreas adjacentes mudou muito rapidamente (Sudhira et al. 2004).

O crescimento urbano está intimamente ligado à modernização, à industrialização e ao processo sociológico de racionalização. O crescimento urbano pode descrever uma condição específica num determinado momento, ou seja, a proporção da população total ou da área em cidades ou vilas, ou o termo pode descrever o aumento desta proporção ao longo do tempo. Assim, o termo crescimento urbano pode representar o nível de urbanização em relação à população total, ou pode representar a taxa a que a proporção urbana está a aumentar.

O crescimento urbano ocorre devido aos esforços individuais, comerciais e governamentais para reduzir o tempo e as despesas com deslocações e transportes, melhorando simultaneamente as oportunidades de emprego, educação, habitação e transportes. Viver nas cidades permite as vantagens das oportunidades de proximidade, diversidade e concorrência no mercado. As cidades são conhecidas por serem locais onde o dinheiro, os serviços e a riqueza estão centralizados. Muitos habitantes das zonas rurais vêm para a cidade em busca de fortuna e de mobilidade social. As empresas, que fornecem empregos e capital de troca, estão mais concentradas nas zonas urbanas. Quer a origem seja o comércio ou o turismo, é também através dos portos ou dos sistemas bancários que o dinheiro estrangeiro flui para um país, geralmente localizado nas cidades. (http: //en.wikipedia. org/wiki/Urbanização).

2.2. Quadro concetual

O crescimento urbano é uma forma de crescimento metropolitano que é uma resposta a conjuntos frequentemente desconcertantes de forças económicas, sociais e políticas e à geografia física de uma área. As investigações revelaram que as causas da expansão urbana incluem - o crescimento da população, a economia, os padrões de iniciativas de infra-estruturas, como a construção de estradas e o fornecimento de infra-estruturas com dinheiros públicos, que incentivam o desenvolvimento.

O planeamento e a gestão das zonas urbanas tornaram-se uma tarefa difícil para lidar com questões e problemas associados ao desenvolvimento e crescimento urbanos. Além disso, a perda de vegetação urbana, o aumento da poluição da água e do ar, a erosão, as inundações, a neblina e o odor desagradável ocorrem devido a um planeamento físico inadequado. Por conseguinte, é imperativo adotar práticas eficazes de planeamento e gestão urbanos, a fim de evitar um maior crescimento urbano não planeado no país (Okosun et al. 2009).

De acordo com Sudhira et al (2009), a investigação dos padrões espaciais do crescimento das cidades é muito importante e a análise da expansão ao longo de um período de tempo ajudará a compreender a natureza e o crescimento deste fenómeno. A visualização prévia das tendências e dos padrões de crescimento permite às autoridades de planeamento planear as infra-estruturas de base adequadas. O estudo do tipo, da extensão e da natureza da expansão que se verifica num determinado local e dos factores responsáveis pelo crescimento ajudaria os promotores e urbanistas a projetar padrões de crescimento e a facilitar várias infra-estruturas. Neste estudo, foi feita uma tentativa de identificar o padrão de crescimento da cidade de Debre Markos, quantificar o crescimento espacial, explorar os factores casuais e estimar a taxa de variação da área construída durante um período de 28 anos com a ajuda de dados espaciais utilizando as tecnologias SIG, Deteção Remota e GPS.

2.3. Definição de termos importantes

Sistema de Informação Geográfica: O SIG é um software que integra, armazena, edita, analisa, partilha e apresenta informações geográficas. O SIG combina cartografia e tecnologia de bases de dados através de ferramentas que criam consultas, analisam informações espaciais, editam dados, mapas e apresentam esses resultados.

Deteção remota: O ato de adquirir informação espetral, espacial e temporal sobre objectos materiais, áreas ou fenómenos, sem entrar em contacto físico. A informação de deteção remota, como o nome indica, é captada por satélite, armazenada e entregue em locais remotos a partir dos quais o satélite é administrado.

Sistema de Posicionamento Global: O sistema de posicionamento global é um sistema de navegação baseado em satélites constituído por uma rede de 24 satélites. Os dispositivos GPS recebem informações destes satélites e utilizam a triangulação para calcular a localização exacta do utilizador no tempo e no espaço.

2.4. História da Deteção Remota

A deteção remota é amplamente definida como a arte e a ciência de obter informações sobre um objeto sem estar em contacto físico direto com o mesmo (Colwell 1983, Lillesand et al. 2004). Embora esta tecnologia tenha sido originalmente desenvolvida para o Departamento de Defesa durante a Guerra Fria, expandiu-se para o sector privado. Assim, tanto os satélites do sector privado como os do sector público operam atualmente, fornecendo dados espaciais actualizados ao minuto para todo o globo. Existem compromissos entre a capacidade de os satélites obterem simultaneamente informações espectrais, espaciais e temporais.

Tentar detetar objectos à distância foi provavelmente uma das estratégias de defesa e proteção dos nossos primeiros antepassados.

A utilização moderna do termo 'Deteção Remota' tem mais a ver com as formas técnicas de recolha de informação aérea e espacial. A observação da Terra a partir de plataformas aéreas tem uma história de cento e cinquenta anos, embora a maior parte da inovação e do desenvolvimento tenha ocorrido nos últimos trinta e cinco anos. A primeira observação da Terra utilizando um balão na década de 1860 é considerada um marco importante na história da teledeteção (Lillesand et al. 2004). Foi o lançamento do primeiro satélite civil de teledeteção (Landsat 1), no final de julho de 1972, que abriu caminho às modernas aplicações de teledeteção em muitos domínios, incluindo a monitorização e o planeamento do crescimento urbano (Tucker et al. 1983, Csaplovics 1992, Campbell 1996, Lillesand et al. 2004).

Na década de 1980 assistiu-se a um aumento acentuado da aplicação da teledeteção aos recursos naturais e à gestão dos recursos terrestres (Tucker 1980, Guyot 1990). A disponibilidade crescente de computadores de secretária potentes e os avanços nos SIG orientados para objectos permitiram que muitos sectores explorassem a utilização de produtos de teledeteção. A agricultura, os cuidados de saúde, os sistemas de alerta precoce de catástrofes e uma grande variedade de outros domínios adaptaram-se rapidamente às oportunidades oferecidas pela teledeteção. Desde o início da década de 1990, tem-se verificado um aumento logarítmico na utilização de informações obtidas por teledeteção para a gestão dos recursos terrestres, a deteção de alterações, as alterações climáticas, a monitorização do efeito de estufa e tarefas semelhantes.

Está a surgir uma nova geração de plataformas e sistemas de rastreio, como os sistemas de deteção e telemetria por rádio (RADAR), de deteção e telemetria por luz (LIDAR) e de deteção e telemetria por som (SONAR). Enquanto a teledeteção ótica fornece imagens digitais da quantidade de energia electromagnética reflectida ou emitida pela superfície da Terra em vários comprimentos de onda, a teledeteção ativa de micro-ondas de comprimentos de onda longos, de luz laser de comprimento de onda curto ou de ondas sonoras mede a quantidade de retrodifusão da energia electromagnética emitida pelo próprio sensor (Bergen et al. 1999).

Os dados ou informações captados a bordo de satélites estão cada vez mais disponíveis através da Internet em tempo real ou quase em tempo real. Os dados meteorológicos da plataforma geoestacionária europeia Meteosat ou da órbita polar MODIS Aqua ou os dados de telemetria de satélites de localização de animais podem agora ser recebidos diretamente poucos segundos ou minutos após a ocorrência do evento.

2.5. História do SIG

De acordo com o Environmental Systems Research Institute, o SIG é um conjunto organizado de hardware, software, dados geográficos e pessoal concebido para capturar, armazenar, atualizar, manipular, analisar e apresentar eficazmente todas as formas de informação geograficamente referenciada.

Embora os seus antecedentes remontem a centenas de anos nos domínios da cartografia e do mapeamento, o SIG estruturado como tal começou a surgir na década de 1960 (Goodchild 1992). A representação de diferentes camadas de dados numa série de mapas de base e a relação geográfica da informação tem sido uma prática muito anterior ao SIG computorizado. A técnica de sobreposição de vários mapas cartográficos uns sobre os outros tem sido meticulosamente utilizada já em meados do século XIX (Foresman 1998).

A fusão da tecnologia informática com a cartografia nos anos 60 abriu caminho à possibilidade de utilizar a técnica de sobreposição e sobreposição de mapas noutros domínios que não a cartografia. Na década de 1970, os comerciantes privados começaram a oferecer pacotes SIG prontos a utilizar. A Intergraph e o Environmental Systems Research Institute (ESRI) surgiram como os principais fornecedores de software SIG (Foresman 1998). Com o aumento da capacidade de computação e a descida dos preços do hardware na década de 1980, os SIG tornaram-se uma tecnologia viável para diferentes aplicações, incluindo a gestão dos recursos terrestres, o planeamento urbano, a gestão e conservação da vida selvagem, os cuidados de saúde, a cartografia topográfica, a exploração de minérios, a defesa e outras (Jensen 1996).

No que diz respeito aos decisores ou planeadores urbanos, os mapas vectoriais forneceriam os limites das áreas existentes ou em crescimento. A forte presença de dados de teledeteção em formato raster na década de 1980 obrigou os criadores e vendedores de SIG a abordar também esta parte de um nicho de mercado. Como resultado, surgiram grupos especializados em SIG raster e a concorrência total entre SIG raster e vetorial impulsionou ainda mais o desenvolvimento de SIG para um ambiente em que ambos os sistemas são suportados e funcionam de forma a complementarem-se mutuamente. A implementação bem sucedida de dados de atributos separados e de informações de localização no início dos anos 80, bem como a integração bem sucedida de sistemas de gestão de bases de dados relacionais em pequenos computadores de secretária para lidar com tabelas de atributos, deu aos SIG o impulso necessário para chegar a todos os sectores académicos, de investigação e de desenvolvimento - o que inclui estudos de biodiversidade, alterações climáticas, gestão de recursos terrestres, etc.

A comunidade de gestão e conservação dos recursos terrestres também desempenhou um papel importante no desenvolvimento dos SIG. Surgiram vários produtos feitos à medida, utilizando produtos contemporâneos normalizados. A maior parte dos algoritmos para esses produtos funcionam como extensões que foram largamente desenvolvidas no seio da comunidade de conservação. Atualmente, a cartografia na Web e os sistemas SIG multi-utilizadores estão a definir a tendência da cartografia e da análise no mundo desenvolvido. A deteção remota em tempo real e a animação SIG estão também a tornar-se um fenómeno comum. Uma vez que os dados de satélite são geralmente digitais e, consequentemente, passíveis de análise raster e vetorial para classificação dos tipos de ocupação do solo, o avanço dos SIG e a sua crescente disponibilidade para os utilizadores em geral constituem uma tendência promissora para a aplicação da teledeteção de baixo custo em muitos domínios nos países em desenvolvimento.

2.6. Aplicação de SIG e Sensoriamento Remoto para Monitoramento do Crescimento Físico

O SIG e a teledeteção são tecnologias relacionadas com o território que se tornaram muito úteis na formulação e implementação da componente relacionada com o território da estratégia de desenvolvimento sustentável. Os SIG podem enfrentar os desafios de oferecer uma solução aceitável para o crescimento inteligente das cidades. Por exemplo, com um modelo visual baseado no SIG, os subúrbios mais antigos podem ser ajudados a avaliar os seus planos de reconversão e as implicações do seu desenvolvimento em termos de utilização dos solos na qualidade de vida das comunidades (Okosun et al. 2009). Os padrões espaciais da expansão urbana ao longo de diferentes períodos de tempo podem ser sistematicamente cartografados, monitorizados e avaliados com precisão a partir de dados de satélite, juntamente com dados terrestres convencionais (Lata et al.2001).

Sudhira et al (2009) previram que a cartografia da expansão urbana fornece uma imagem do local onde este tipo de crescimento está a ocorrer, ajuda a identificar os recursos ambientais e naturais ameaçados por essa expansão e sugere as prováveis direcções e padrões futuros do crescimento da expansão.

Os satélites de teledeteção com sensores de alta resolução e capacidades de cobertura alargada fornecem dados com melhor resolução e cobertura para satisfazer as necessidades crescentes das aplicações. As técnicas de processamento de imagens são também bastante eficazes na monitorização e identificação do padrão de crescimento urbano a partir dos dados espaciais e temporais captados pelas técnicas de teledeteção. As expressões físicas e os padrões de crescimento nas paisagens também podem ser detectados, cartografados e analisados através da deteção remota e do sistema de informação geográfica (SIG) (Barnes et al. 2001).

Sudhira et al (2009) observaram que, nos últimos anos, tem havido um interesse considerável na utilização do SIG como um sistema de apoio à decisão. A utilização do SIG como uma extensão direta do processo humano de tomada de decisão - muito particularmente no contexto das decisões de atribuição de recursos - é, de facto, um grande desafio e um marco importante. De acordo com Okosun et al (2009), a introdução do SIG criou um vasto campo de oportunidades para o desenvolvimento de novas abordagens ao processamento informático de dados geo-referenciados, que acrescentam uma nova dimensão à gestão, análise e apresentação de grandes volumes de informação necessários ao processo de tomada de decisão. A utilização do SIG aumentou o sentido do processo de tomada de decisões, melhorando os dados e a acessibilidade e, consequentemente, conduzindo a melhores decisões. A extração de informações urbanas a partir de dados obtidos por teledeteção exige, por conseguinte, uma resolução espacial mais elevada.

Tabela 2.1: Plataformas de deteção remota e aplicação de sensores em estudos urbanos

Platform and Sensor System	Spatial resolute (m, pixel)	Year of operation	Mapping scale	Extractable Information
Landsat (MSS) IRS-1A & 1B (LISS-I)	80 72	1972 1988 & 1991	1: 1,000,000 1: 250,000	Land-use/land-cover and urban sprawl
Landsat TM IRS-1A & 1B (LISS-II) IRS-1C & 1D (LISS-III) SPOT HRV-I (MLA)	30 36 23 20 5.8	1982 1988 & 1991 1995 & 1997 1998 2003	1: 50,0000 1: 5,000	Thematic data for broad structural plans and spatial strategies
ASTER VNIR (0.52-0.86 µm) SWIR(1.60-2.43 µm) TIR(8.125-11.65 µm)	15 30 90	1999	1: 250,000 1: 50,000	Land-use/land-cover, and urban sprawl
SPOT HRV-II (MLA) IRS-1C &1-D (PAN)	10 5.8	1998 1995 & 1997	1:25,000 1:10,000	Data for land-use/land-cover for urban area
IKONOS Quickbird	1.0 0.61	1999 2001	1:4,000 1:2,000	Information extraction for urban planning and infrastructure mapping
CARTOSAT-1 CARTOSAT-2	2.5 1.0	2005 2007	1:4,000 1:1,000 1:2,000	Large scale cartographic Mapping, urban and rural infrastructure evelopment and management
RESOURCESAT-I (LISS-IV)	5.8	2003	1:10,000 /1:4,000	Monitoring the urban growth, Inventory of land-use/ land-cover.

Fonte: Modificado de Atiqure Rahman (2006)

2.7 Utilização do GPS em estudos de crescimento urbano

O Sistema de Posicionamento Global (GPS) é uma das tecnologias mais precisas de recolha de dados geoespaciais, tendo sido originalmente concebido para fins militares e de navegação. Atualmente, é cada vez mais utilizado para gerar dados SIG civis no terreno, para atualizar dados SIG e para verificar a localização de pontos num mapa

SIG.

O Sistema de Posicionamento Global (GPS) é um sistema de navegação por satélite, desenvolvido pelo Departamento de Defesa dos EUA (DoD) no início da década de 1970. Fornece serviços fiáveis de posicionamento, navegação e cronometragem numa base mundial contínua. Esta informação está disponível gratuitamente para todos. Para qualquer pessoa com um recetor GPS, o sistema fornece informações precisas sobre a localização e o tempo para um número ilimitado de pessoas, em todas as condições meteorológicas, de dia e de noite, em qualquer parte do mundo. É um dos métodos mais precisos de recolha de dados para cartografia. O GPS está atualmente a ser utilizado de forma extensiva para o levantamento e cartografia de áreas urbanas nos países desenvolvidos, devido às vantagens que apresenta em comparação com o levantamento convencional no terreno. Na cartografia e no planeamento urbanos, é necessária informação precisa sobre a posição espacial dos atributos urbanos para criar mapas ou recolher dados para criar um SIG. O GPS está a ser cada vez mais utilizado para obter informação posicional, recolher dados SIG civis de bens e infra-estruturas construídas no terreno e para verificar a localização de pontos de interesse num mapa SIG.

Para além da cartografia urbana, existem inúmeras outras aplicações do GPS na monitorização do crescimento físico urbano e das infra-estruturas de serviços públicos. As ruas e as auto-estradas são digitalizadas através da condução ao longo das estradas enquanto se registam as posições GPS. As condições das estradas, os perigos e as áreas que necessitam de reparação são introduzidos como atributos para utilização em inventários e SIG. Outras aplicações urbanas incluem a cartografia e o registo de parcelas de terreno, zonas, obras públicas, características das ruas e fábricas.

2.8. Teoria do crescimento e planeamento urbano

O crescimento urbano é um sistema composto de homem e natureza. É também uma síntese geográfica muito densa da população, dos recursos, do ambiente, da economia social e assim por diante. Como um sinal de civilização e progresso social, os efeitos da cidade na política, economia e cultura nacionais tornam-se cada vez mais proeminentes. Por outras palavras, o nível de urbanização é um parâmetro significativo para medir o grau de civilização, o progresso social e económico de um país. Por isso, é muito importante fazer um acompanhamento e um planeamento razoáveis e adequados do crescimento urbano.

De acordo com os objectivos de desenvolvimento urbano, o planeamento urbano constitui o carácter urbano, a escala e a direção do desenvolvimento, utilizando razoavelmente o solo urbano. O planeamento urbano está relacionado com a política, a economia, a sociedade, a tecnologia, a arte e os domínios abrangentes da vida humana. Não está apenas integrado, mas também relacionado com a política e a prática.

A primeira fase do planeamento urbano é a investigação da situação atual. No passado, consumia sempre muita mão de obra, material e dinheiro. O resultado não era oportuno e exato. Atualmente, a tecnologia de deteção remota e o SIG podem ser utilizados para investigar rapidamente o terreno urbano, a floresta, os lagos, os oceanos, as montanhas, as vistas, o tráfego, a utilização dos solos e a distribuição dos edifícios. Como principal método para obter e atualizar informações espaciais e de atributos urbanos, a tecnologia de deteção remota é muito rápida, precisa e económica (RavindraK. et al. 2011).

2.9. A taxa de crescimento urbano nos países em desenvolvimento

O crescimento da população urbana tem vindo a aumentar nos últimos anos a um ritmo de 3,2% em todo o mundo, mas nos países em desenvolvimento este valor é superior a 5% e a taxa anual de crescimento nas grandes cidades é ainda maior. O crescimento da população nas zonas urbanas tem vindo a criar uma enorme escassez de habitação e de alimentos nos países em desenvolvimento. Na Índia, na maioria dos centros urbanos, pelo menos 10% das pessoas são sem-abrigo que residem na berma da estrada e outros 30% vivem em bairros de lata. (Reddy B. Sudhakar, 2000).

2.10. Crescimento urbano na Etiópia

A Etiópia era pouco urbanizada, mesmo para os padrões africanos. O ritmo lento do desenvolvimento urbano manteve-se até à invasão italiana de 1935. O crescimento urbano foi bastante rápido durante e após a ocupação italiana de 1936-41. A urbanização acelerou durante a década de 1960, altura em que a taxa média de crescimento anual foi de cerca de 6,3%. Em 1987, Adis Abeba albergava cerca de 35% da população urbana do país. Outros 7% residiam em Asmara, a segunda maior cidade. As principais instituições industriais, comerciais, governamentais, educativas, de saúde e culturais estavam localizadas nestas duas cidades, que em conjunto albergavam cerca de 2 milhões de pessoas, ou seja, um em cada vinte e cinco etíopes. Em 1970, havia 171 cidades com uma população de 2.000 a 20.000 habitantes; este total tinha aumentado para 229 em 1980.

A migração das zonas rurais para as urbanas foi em grande parte responsável pela rápida expansão registada no período 1967-75, enquanto o crescimento natural da população pode ter sido o principal responsável pela expansão urbana no período 1975-84. O programa de reforma agrária de 1975 proporcionou incentivos e oportunidades para que os camponeses e outros potenciais migrantes permanecessem nas zonas rurais. As restrições às deslocações, a falta de emprego, a escassez de habitação e a agitação social em algumas cidades durante o período de 1975-80 também contribuíram para o declínio da migração das zonas rurais para as urbanas. Em consequência da intensificação da guerra no período de 1988-91, todos os centros urbanos receberam um grande afluxo de população, o que resultou numa grave sobrelotação, falta de habitação e de água, sobrecarga dos serviços sociais e desemprego.

Depois da Nigéria, a Etiópia é o segundo país mais populoso da África Subsaariana. Dos 73 milhões de habitantes da Etiópia estimados em 2007, cerca de 84% vivem em zonas rurais e o seu rendimento provém principalmente de actividades agrícolas. A maioria dos habitantes urbanos vive em pequenas cidades e, em comparação com outros países da África Subsariana, a taxa de urbanização da Etiópia é baixa. Devido em parte a esta baixa taxa de urbanização, o peso económico das cidades na Etiópia continua a ser baixo em comparação com outros países. Em 2006/07, a produção dos sectores não agrícolas (grande parte da qual está concentrada nas áreas urbanas da Etiópia) contribuiu com 54% para o PIB, enquanto os sectores não agrícolas contribuíram com 85% na ASS como um todo e 75% do PIB nos países de baixo rendimento em 2005 (Arndt et al. 2009, MoFED 2005).

CAPÍTULO 3

3. DESCRIÇÃO DA ZONA DE ESTUDO

3.1. Localização

Debre markos, a capital da Zona Administrativa de Gojjam Oriental, está situada a noroeste da capital da República Democrática Federal da Etiópia, Adis Abeba, a uma distância de 300 km e a 265 km da capital do Estado Regional da Nação Amhara, Bahir Dar. A localização geográfica da área de estudo situa-se entre as latitudes 10°17'00" e 10°21'30" N e as longitudes 37°42'00" e 37°45'30" E e a sua altitude varia entre 2350-2500 metros acima do nível do mar. A cidade tem uma precipitação média anual de 1380 mm e temperaturas mínimas e máximas de 15 C e 22 C, respetivamente.

A cidade é delimitada por dois woredas. A leste, é delimitada por Aneded Woreda e nas restantes três direcções (oeste, norte e sul), é delimitada por Gozamen woreda. A área total de estudo tem uma área estimada de 36 quilómetros quadrados. O mapa de localização da área de estudo é apresentado na figura 3.1.

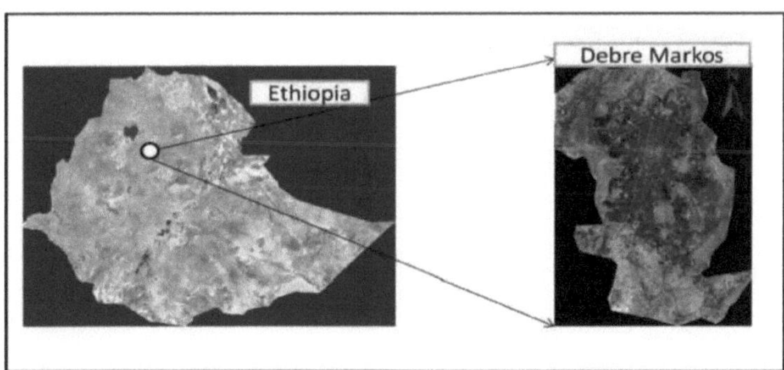

Fig 3.1 Localização da área de estudo

3.2. Clima

A cidade de Debre Markos tem uma zona agro-ecológica weyna dega (subtropical). Tem uma precipitação média anual de 1380 mm. É caracterizada por um padrão de precipitação bimodal, como a maioria dos locais no centro-norte da Etiópia. A estação das chuvas **na** cidade decorre de junho a setembro. Há pouca chuva durante a primavera. A precipitação anual na cidade é relativamente mais elevada do que na maioria das cidades, não só na região de Amhara mas também noutras cidades do norte do país. A temperatura mínima e máxima da cidade é de 15° C e 22° C, respetivamente. (Município de **Debre** Markos)

3.3. Topografia

A altitude de Debre Markos varia entre 2350 e 2500 metros acima do nível do mar. A **área** é dissecada por três zonas pantanosas (principalmente planícies de inundação) e, em certa medida, por cumes, escarpas e cursos de água associados a ravinas. Existem três grandes categorias de declives que podem ser classificadas, de acordo com o documento obtido na Câmara Municipal da cidade.

o Terrenos com declive de 0-2,5 por cento: esta área refere-se às zonas pantanosas que cobrem 20 % do total dos terrenos urbanos.

o Terrenos com declive de 2,6-20%: os terrenos com esta classe de declive constituem 75% da área da cidade. São aptos para o povoamento e outras funções.

o Terrenos com > 20%: trata-se de terrenos caracterizados por ravinas, cumes e escarpas que representam 5% dos recursos terrestres.

A Fig. 3.2 mostra as elevações exactas de cada local na cidade de Debre Markos e arredores.

Fig 3.2 Imagem tridimensional da área de estudo

3.4. Condições socioeconómicas

3.4.1. Características demográficas

Segundo o recenseamento da população e da habitação de 1994 E.C., a população da cidade era de 62 469 habitantes. Dos quais 32.569 (52,13%) eram do sexo feminino e 29.900 (47,87%) do sexo masculino.

Quadro 3.1 Distribuição da população por Kebele

Kebele	Masculino	%	Feminino	%	Total	%
01	4,804	14.93	5,853	17.97	10,657	17.06
02	3,459	10.75	4,411	13.54	7,870	12.60
03	6,385	19.84	6,236	19.15	12,621	20.20
04	6,261	19.46	6,365	19.54	12,626	20.21
05	2,763	8.59	2,819	8.66	5,582	8.94
06	3,887	12.01	4,606	14.14	8,493	13.60
07	4,620	14.36	2,278	7	4,620	7.40
Total	32,179	100	32,568	100	62,469	100

Fonte: Recenseamento da População e da Habitação, 1994 E.C.

Para efeitos administrativos, a cidade está dividida em 7 kebeles, como se pode ver na figura 3.3. As populações máxima e mínima foram registadas na kebele 4 e na kebele 7, respetivamente.

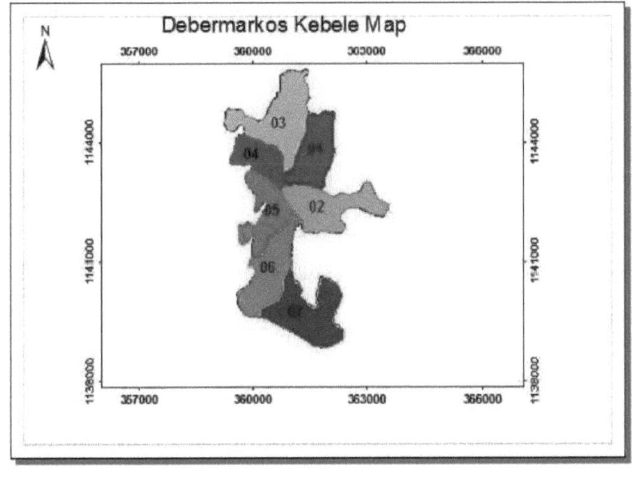

3.4.2. Língua, etnicidade e religiões

A população da cidade é heterogénea como a de qualquer outro centro urbano. Este facto deve-se principalmente à migração. De acordo com o recenseamento da população e da habitação de 1994, existem cerca de três grandes religiões e dois grandes grupos étnicos. Amhara é o grupo étnico dominante, seguido de Tigray e outros. Em termos de religião, a maior proporção, 97%, é de cristãos ortodoxos e os restantes 1,5% e 1,5% são muçulmanos e protestantes, respetivamente.

3.4.3. Nível de educação e saúde

De acordo com a administração municipal, o número de matrículas no ensino primário na cidade atinge os 100%. Existem duas escolas secundárias e uma escola preparatória na cidade. Atualmente, existem instituições de ensino superior, uma universidade, uma escola de formação de professores e uma escola técnica. Para além destas instituições de ensino superior governamentais, existem também outros centros de ensino superior não governamentais.

No domínio da saúde, tal como no da educação, existem vários centros de saúde governamentais e não governamentais. Existe um hospital de referência na cidade.

3.5. A evolução histórica da cidade de Debre Markos

3.5.1. Pré-fundação

Ao contrário dos dias de hoje, a área que rodeia a cidade de Debre Markos estava coberta de florestas naturais densas e endémicas, com diversas espécies de animais selvagens a viver nas florestas. Antes de 1881 E.C., a zona era conhecida pelo nome de Mankorer, o nome de uma pessoa. Dizia-se que Sarn, o proprietário e governador da aldeia nos tempos antigos, tinha dois filhos chamados Zinna e Mankorer. Deu à aldeia o nome de um dos seus filhos. Os dois filhos de Sarn, Zinna e Mankorer, serviam a igreja de Markorios, que existia antes da fundação de São Marcos e que mais tarde foi atingida e devastada por um raio.

3.5.2. Liquidação

Nos tempos antigos, Mankorer era habitada por povos ou tribos Amhara. A subsistência dos habitantes baseava-se principalmente em práticas agrícolas mistas (ou seja, produção vegetal e criação de gado). Gradualmente, o número de pessoas e a necessidade de terras agrícolas aumentaram e as florestas naturais foram totalmente erradicadas. A destruição das florestas, por sua vez, obrigou a vida selvagem a fugir ou a migrar para outros locais.

3.5.3. Fundação

A cidade de Debre Markos foi fundada em 1845 E.C. por Dejazmach Tesema Guwalu, o governador de Gojjam. Quando a cidade foi fundada, a população instalou-se em redor da igreja de São Marcos, que se chamava "Kahin Sefer". Em seguida, cerca de 300-400 padres que serviam a igreja e os senhores de terras que eram seguidores da fé cristã estabeleceram-se em 6,8 acres (272 hectares) de terra. As principais razões para a fundação da cidade no local atual foram as seguintes

a) A maioria dos reis antigos (senhores da guerra) costumava estabelecer os seus palácios nas encostas ou nas zonas montanhosas porque: os lugares mais altos ou as montanhas eram utilizados como posições estratégicas para controlar o movimento das forças da oposição e para se defenderem de qualquer possível ataque.

b) A região dispunha de recursos naturais ricos e adequados para a agricultura e para o estabelecimento de uma cidade, tais como rios perenes, uma vasta planície e um solo muito fértil.

c) A paisagem física e as terras altas com clima favorável ajudaram a proteger tanto os seres humanos como os animais de doenças graves como a malária (que é comum nas terras baixas)

3.5.4. Nomeação

O antigo nome "Mankorer" foi mudado para Debre Markos pelo rei Nigus Takle Haymanot de Gojjam, após a sua coroação em 1880, que tomou uma decisão em 1882, quando a cidade de Debre Markos passou a chamar-se "Melite Adbar Debre Markos".

Proclamou também que os habitantes da cidade deviam aceitar e aplicar a nova nomenclatura. Além disso, ordenou aos seus assistentes que fizessem os seus próprios esforços para ajudar o público a praticar e a adotar a nova nomenclatura da cidade.

O nome ganhou grande aceitação entre as pessoas e tornou-se popular muito rapidamente. Por esta razão, a igreja de Debre Markos tornou-se a cabeça de todas as outras igrejas em Gojjam até à era Dega, e outras igrejas foram administradas sob a sua direção.

3.5.5. Desenvolvimento da administração da cidade

Antes da fundação do município da cidade de Debre Markos, esta era administrada, tal como outras cidades etíopes, por senhores regionais (como Chika shum, Nechi labash) e também era administrada sob a alçada da administração distrital e provincial. No entanto, a administração da cidade de Debre Markos foi estabelecida mais cedo do que a de todas as outras cidades da Etiópia. Além disso, a cidade de Debre Markos começou a ser administrada pelo presidente da câmara antes da cidade de Adis Abeba. A razão para tal é que, quando Hailasillasie regressou do exílio através do Sudão, a primeira bandeira da liberdade foi hasteada em Gonder, perto de Metama, em "Omidla".

Depois, a segunda bandeira da liberdade foi hasteada na capital de Gojjam, Debre Markos, em 1993 E.C. Nessa altura, Adis Abeba ainda não se tinha libertado da ocupação inimiga. Assim, Hailasillasie permaneceu em Debre Markos durante um mês. Depois, ordenou a criação de uma administração municipal que controlasse a paz e a estabilidade da cidade de Debre Markos. A primeira administração nomeada para a cidade de Debre Markos foi Fitawrari Beyene Bishaw, um patriota famoso na região. Foi nomeado em março de 1933 E.C. Fitawrari Beyene manteve a paz e a ordem na cidade de 1933-1937 E.C. até à chegada de Dejazmach Kebede Tesema como governador de Gojjam. Fitawrari Beyene mobilizou os seus criados para manter a paz e a estabilidade da cidade, uma vez que não existia uma força policial oficial durante esse período. Os procedimentos legais e a cobrança de impostos eram também efectuados pelo próprio Fitawrari Beyene.

Depois de Dejazmach Kebede Tesema ter sido nomeado governador de Gojam,

Hailasillsie transferiu Fitawurari Beyene para outra parte do país como governador de distrito. Quando Dejazmach Kebede foi nomeado governador de Gojam com plenos poderes, em 1937 E.C., o município foi criado. No mesmo ano (1937 E.C.), foi criada a esquadra de polícia, que assumiu o dever de manter a paz e a estabilidade dos funcionários de Fitawurari Beyene.

3.6. Sítios propostos para habitação, centro da cidade e zonas de lazer

3.6.1. Habitação

De acordo com as práticas de planeamento urbano no mundo, entre 60% e 75% do solo urbano adequado dos centros urbanos é consumido por habitação e funções relacionadas. Com base na análise preliminar dos dados recolhidos na cidade e nos fundamentos do planeamento do uso do solo urbano, a maioria dos terrenos dentro dos limites propostos para a cidade serão afectados a funções residenciais e afins. A este respeito, a equipa de planeamento identificou três grandes áreas de desenvolvimento habitacional nas zonas de expansão da cidade, que eram recentemente utilizadas como terrenos agrícolas. Com base nos resultados dos estudos demográficos e socioeconómicos, a equipa de planeamento considerou também um subcentro urbano nestes três empreendimentos residenciais.

As três zonas de desenvolvimento habitacional enumeradas são:
1. Área entre Erob Gebeya e a estrada de Bahir Dar, incluindo a povoação rural de Yemeka.

2. Área entre a estrada de Erob Gebeyo e o complexo universitário de Debre Markos, incluindo a povoação rural de Endimata.

3. Área entre a estrada para o centro prisional da cidade e a aldeia de Dalgaw Yohanis, excluindo as ervas pantanosas das margens do rio Wiren.

3.6.2. Centro da cidade

O centro da cidade, a zona comercial central de Debre Markos, tem 150 hectares de terreno delimitado pela igreja de Markos a sudoeste, a mesquita da cidade a sudeste, a escola king Teklehymanot a noroeste e o mercado da cidade a leste. As áreas incluem várias funções urbanas, para além de funções comerciais que requerem uma atenção especial no processo de planeamento e conceção da zona comercial. (Girma, 2009).

3.6.3. Áreas do resort

A magnífica vista da terra húmida composta naturalmente por erva e floresta verde escura nas colinas da cidade é uma caraterística sensata da terra que tem um enorme potencial turístico e recreativo com pouco investimento em infra-estruturas de ecoturismo na área.

Estas características do solo distribuem-se em diferentes partes da cidade com diferentes intensidades de cobertura verde. Entre estas zonas, há três sítios importantes a desenvolver no período de execução do plano de estrutura.

Os sítios de eco-turismo e de lazer enumerados:

1. A faixa de terreno no cimo da colina adjacente à igreja de Endimata Eyesus.

2. A faixa de terra desleixada virada para a cidade e a terra de erva húmida nas proximidades da aldeia de Dalgaw Yohnis.

3. Terrenos planos em terrenos identificados nas imediações do aeroporto e da grande floresta da cidade. (Ibid)

CAPÍTULO 4

4. ANÁLISE E APRESENTAÇÃO DE DADOS

O objetivo deste estudo constitui a base de toda a análise efectuada neste capítulo. Os resultados foram apresentados sob a forma de mapas e quadros.

4.1. Estado físico da cidade em 1984

Em 1984, a área urbana da cidade de Debre Markos era de 6,78 quilómetros quadrados com uma população de 39 808 habitantes e o comprimento total dos limites da cidade era de 21,5 quilómetros. A cidade estendia-se de norte a sul. A autoestrada nacional número três, de Adis Abeba a Gondar, passa pelo centro da cidade. A Fig. 4.1 mostra a área construída da cidade em 1984.

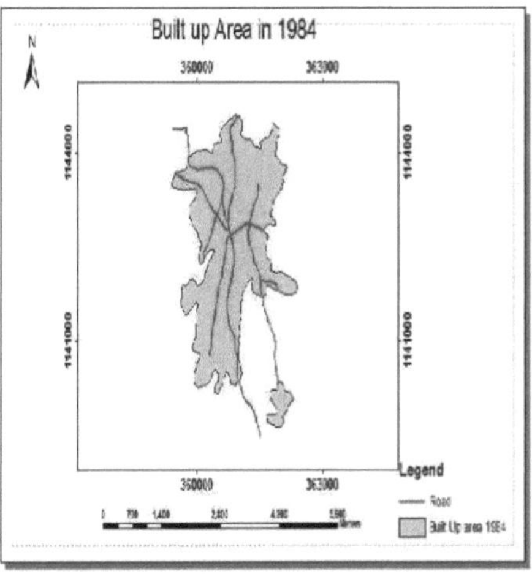

Fig. 4.1 Área construída em 1984

4.2. Estado físico da cidade em 2004

De acordo com a fig. 4.2, a área construída da cidade era de 10,93 km2 e o comprimento dos limites da cidade era de 27,13 km em 2004. No período de 1984 a 2004, a população da cidade aumentou para 85.597 est. (115,02 %). Durante o período de 1984-2004, o comprimento e a área da cidade aumentaram 26,18% e 61,20%, respetivamente.

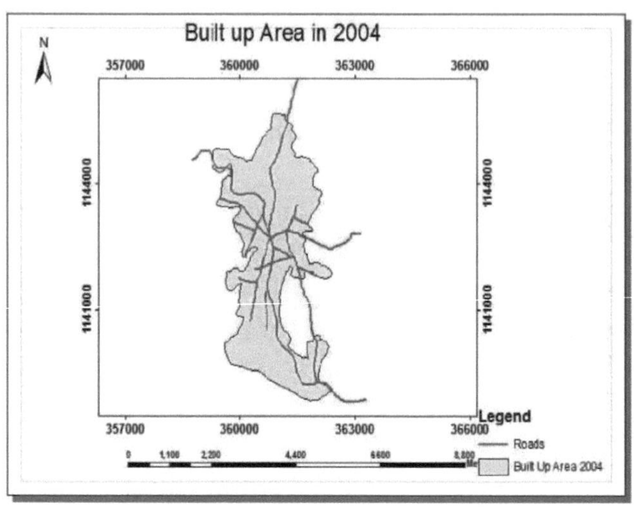

Fig 4.2 Área construída em 2004

4.3. Estado físico da cidade em 2012

A Fig. 4.3 mostra o limite da cidade em 2012. Foi utilizado um instrumento de sistema de posicionamento global para recolher pontos de controlo no solo da cidade. Nesta figura, podem ser observadas as estradas principais e os limites recentes da cidade. Com base nos resultados do inquérito de campo, a área total ocupada pela cidade em 1984 e 2012 é de 6,78 e 12,76 km2 , respetivamente. Verifica-se um aumento de 44,04 % dos limites entre 1984 e 2012.

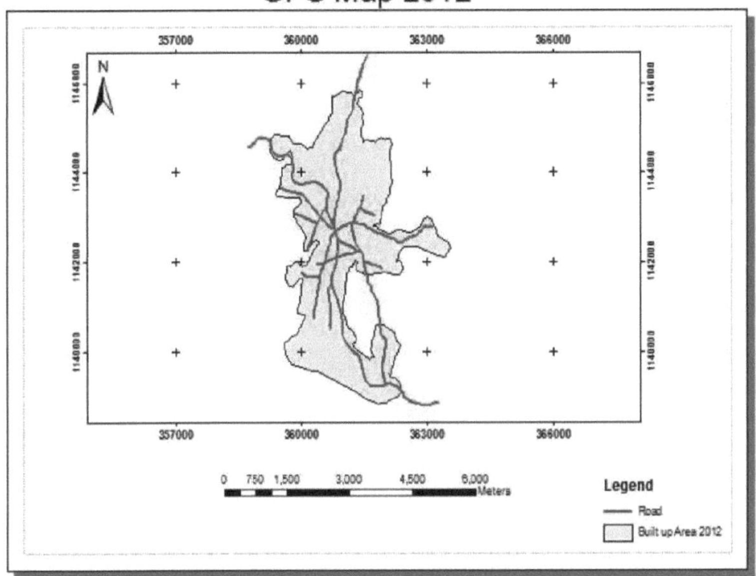

Fig 4.3 Mapa da cidade de Debre Markos em 2012

4.4. Expansão física de Debre Markos (1984-2004)

A Fig. 4.4 mostra o crescimento físico da cidade de 1984 a 2004. De acordo com a figura abaixo, grande parte do crescimento físico é observado nas direcções norte e sul da cidade, não se verificando qualquer alteração nas direcções oeste e leste.

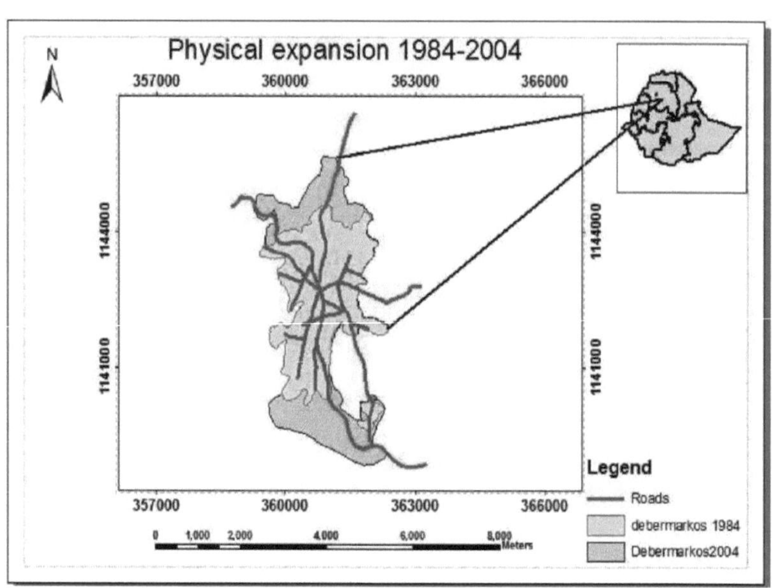

Fig 4.4 Crescimento físico da cidade durante 1984-2004

Durante o período de 1984-2004, a população da cidade aumentou para 85.597 (115,02%) e a expansão física da cidade registou um aumento rápido de 10,93 km2 (61,20%). Ao mesmo tempo, o comprimento total da fronteira aumentou de 21,5 para 27,13 quilómetros.

4.5. Expansão física de Debre Markos (2004-2012)

De acordo com a Fig. 4.5, o crescimento da cidade pode ser observado nas direcções Norte, Nordeste, Este e Sul. A população total da cidade era de 85597 habitantes em 2004 e de 107684 em 2012, com um aumento de cerca de 25,80 por cento. A área da cidade também aumentou de 10,93 para 12,76 km2, o que revela uma expansão notável da área da cidade.

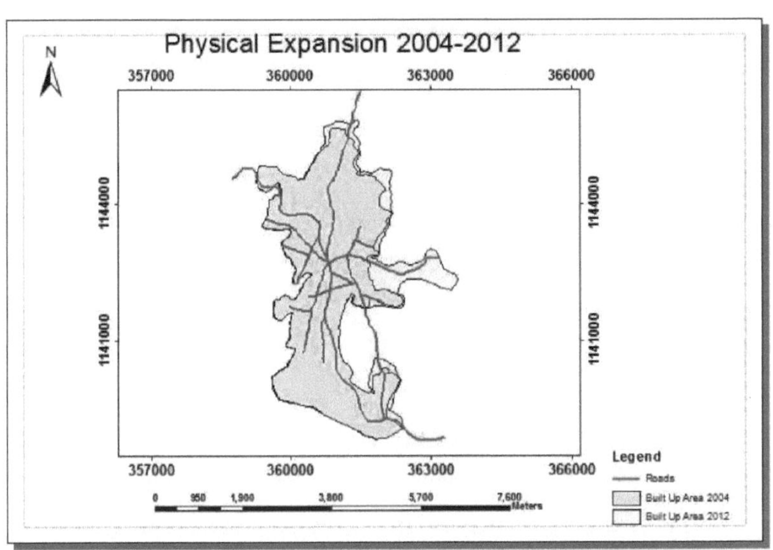

Fig 4.5 Crescimento físico da cidade durante 2004-2012

4.6. Expansão física de Debre Markos (1984-2004-2012)

A tabela 4.1 mostra o crescimento físico e a expansão populacional da cidade de 1984 a 2012. De acordo com o estudo, a área construída cobria 6,78 km2 em 1984 e expandiu-se para 12,76 km2 (88,20%) em 2012. Ao mesmo tempo, a área construída aumentou de 6,78 para 10,93 durante 1984-2004 e de 10,93 para 12,76 km2 entre 2004 e 2012. A cidade cresceu a uma taxa anual de 3,15 km2 (3,57%). A taxa de crescimento da população foi de 170,50 por cento durante 1984-2012.

Quadro 4.1 Crescimento físico da cidade de Debre Markos (1984-2004 -2012)

Ano	Área em kms quadrados	% de crescimento	Comprimento total da fronteira em kms	% de crescimento	População	% de crescimento
1984	6.78	-	21.5	-	39,808	-
2004	10.93	61.20	27.13	26.18	85.597(est)	115.02
2012	12.76	16.74	30.97	14.15	107.684(est)	25.80

Em 1984, 2004 e 2012, a expansão da cidade foi mapeada utilizando mapas topográficos, imagens Landsat e pontos GPS. O instrumento Garmin GPS 60 foi utilizado no terreno para obter pontos de controlo da cidade. O estudo revelou que a taxa de expansão física da cidade de Debre Markos não foi a mesma em todas as décadas, tendo sido flutuante. Por fim, todos os mapas foram sobrepostos para conhecer a expansão física da cidade durante 1984-2012.

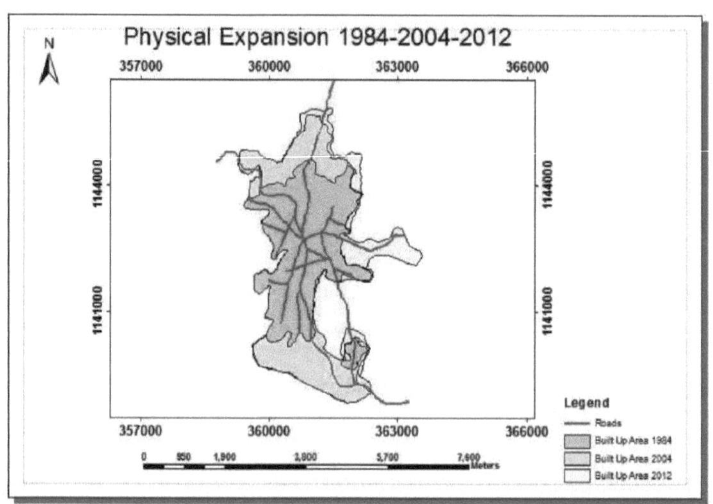

Fig 4.6 Expansão física da cidade (1984-2004-2012)

Durante 1984-2012, a cidade registou um enorme crescimento da população, bem como da área. A área é de 12,76 (88,20%) e a população é de 107684 (170,50%) e o comprimento da fronteira aumentou para 30,97 kms. A expansão mínima e máxima da cidade foi registada durante 2004 - 2012 e 1984 - 2004, respetivamente.

CAPÍTULO 5

5. CONCLUSÕES E RECOMENDAÇÕES

5.1. Conclusões

O crescimento urbano é uma das potenciais ameaças ao desenvolvimento sustentável, em que o planeamento urbano com uma utilização eficaz dos recursos e a atribuição de iniciativas de infra-estruturas são preocupações fundamentais. Assim, a identificação e a análise do crescimento urbano contribuiriam para um planeamento eficaz da utilização dos solos na zona urbana. É igualmente importante estudar a tendência e a direção do crescimento urbano, o que, em última análise, se centra no planeamento da paisagem urbana e na gestão ambiental.

O crescimento físico dos centros urbanos é um fenómeno contemporâneo nos países em desenvolvimento como a Etiópia. Ao longo dos anos, as cidades etíopes têm registado uma enorme expansão, o que gera uma grande preocupação para os planeadores urbanos. O presente estudo utilizou as tecnologias SIG, Deteção Remota e GPS para identificar a natureza da expansão urbana na cidade de Debre Markos entre 1984 e 2012. Estas tecnologias têm a capacidade de fornecer dados substanciais e informações necessárias para a preparação de mapas de base, para propostas de planeamento e funcionam como ferramenta de monitorização durante a fase de implementação.

Durante o período de estudo, a cidade registou uma taxa de crescimento positiva, tanto em termos de área como de população. A área da cidade aumentou de 6,78 para 12,76 km2 e quase duplicou num período de 28 anos. Por outro lado, a população da cidade cresceu de 39808 em 1984 para 107684 em 2012, registando 67876 aumentos num período de 28 anos.

De acordo com o estudo, a área construída cresceu de 6,78 para 10,93 durante 1984-2004 e de 10,93 para 12,76 km2 entre 2004 e 2012. Verifica-se um aumento de 44,04% entre 1984 e 2012. A expansão mínima e máxima da cidade foi registada durante 2004 - 2012 e 1984 - 2004, respetivamente.

O investigador descobriu que a população da cidade de Debre Markos registou uma expansão de 170,50% entre 1984 e 2012. A cidade cresceu a um ritmo de 3,15 km2 e 3,57% por ano. A cidade invadiu muitas áreas agrícolas e florestais preciosas durante o período de estudo.

5.2 Recomendações

Com base nos resultados da investigação, são formuladas as seguintes recomendações;

1. Os planeadores precisam de todos os dados e informações de um mapa e de informações relacionadas com estes aspectos para um planeamento e gestão em perspetiva na periferia da cidade de Debre Markos. Por conseguinte, é necessário criar um sistema de informação da cidade de Debre Markos para sobrepor, analisar e criar vários cenários de planeamento para a tomada de decisões. O Sistema de Posicionamento Global (GPS), a Deteção Remota (RS) e o Sistema de Informação Geográfica (GIS) são ferramentas adequadas para criar este tipo de sistema de informação.

2. As autoridades responsáveis pelo planeamento urbano devem explorar a utilização de tecnologias de teledeteção, de informação geográfica e de sistemas de posicionamento global para monitorizar o crescimento físico das cidades. Isto daria apoio aos planeadores no desenvolvimento do planeamento.

3. O crescimento e o desenvolvimento das cidades devem ser cartografados, armazenados e apresentados de modo a compreender se estão a manter a sustentabilidade ou não.

4. É necessário introduzir a aquisição de imagens de satélite recentes para monitorizar as actividades dos promotores imobiliários. Isto ajudará a reduzir a expansão urbana não planeada e a perda associada da envolvente natural e da biodiversidade.

5. É necessário incentivar e planear um crescimento equilibrado nas nossas cidades. Este objetivo deve ser alcançado através da definição de algumas áreas de crescimento e de proteção ambiental.

6. As legislações de gestão do crescimento devem ser introduzidas a vários níveis de governo para identificar as terras com elevado valor em termos de recursos naturais, económicos e ambientais e protegê-las do desenvolvimento.

REFERÊNCIAS

Amarsaikhan, D, Tsolmongerel, O. (2004). Alguns resultados da utilização de técnicas de melhoramento espacial. Journal of Informatics, Ulaanbaatar, Mongólia, pp61-68.

Arndt, C., Hashim Ahmed, Sherman Robinson e Derk Willenbockel. (2009). Climate Change and Ethiopia [Alterações climáticas e Etiópia]. Climate Change: Global Risks, Challenges and Decisions IOP Conference Series: Earth and Environmental Science.

Barnes, K. B., Morgan III J. M., Roberge M C., e Lowe S. (2001). Sprawl development: Its patterns, consequences, and measurement, Towson University. http://chesapeake.towson.edu/landscape/urbansprawl/download/Sprawl_white_paper.pdf

Bergen, K. e M. Dobson (1999). Integração de imagens de radar de deteção remota na modelação e cartografia da biomassa florestal e da produção primária líquida. Ecological Modeling 122(3): 257-274.

Campbell, B. (1996). Introduction to Remote Sensing. Taylor & Francis.

Agência Central de Estatística da Etiópia (web). (2005). Recenseamento da População e da Habitação da Etiópia, Adis Abeba, Etiópia.

Colwell, R. (1983). Manual of Remote Sensing. Sociedade Americana de Fotogrametria e Sensoriamento Remoto, 2ª Edição. Falls Church, VA.

Csaplovics, E. (1992). Methoden der regional en Fernerkundung - Anwendungen im Sahel Afrikas. SpringerVerlag, Berlim.

Administração da cidade de Debre Markos (2011). Relatórios de Debre Markos, http://www.en.wikipedia.bn org/wiki/Debre_Marqos.

Município de Debre Markos. (2009). Relatório do plano de estrutura da cidade de Debre Markos, Debre Markos, Etiópia.

Foresman, T.(1998). A História dos Sistemas de Informação Geográfica: Perspectives from the Pioneers. Prentice Hall.

Fundamentos do GPS. (2011). http://en.wikipedia. org/wiki/ <u>Global Positioning</u>

System

Girma, S. (2009). Relatório do Plano de Estrutura da Cidade de Debre Markos, Debre Markos, Etiópia.

Goodchild, M.(1992). Geographical Information Science (Ciência da Informação Geográfica). International Journal of Geographical Information Science, 6, 31-45.

Guyot, G. (1990). Propriedades ópticas dos dosséis de vegetação. In: Steven, M. e J. Clark (eds): Application of Remote Sensing in Agriculture. Butterworths, Londres.

Jensen, J. (1996). Introdução ao processamento digital de imagens: Uma perspetiva de deteção remota (2nd ed.). Nova Iorque: Prentice Hall.

Lata, K. M., Sankar Rao C. H., Krishna Prasad V., Badrinath K. V. S., Raghavaswamy. (2001). Measuring urban sprawl: a case study of Hyderabad, GIS development, Vol. 5 (12).

Lillesand, T. e R. Kiefer (2004). Sensoriamento Remoto e Interpretação de Imagens. Quinta edição. John Wiley & Sons, Inc, Nova Iorque.

Ministério do Desenvolvimento Económico e do Planeamento MoFED. (dezembro de 2005). Avaliação das necessidades dos Objectivos de Desenvolvimento do Milénio: relatório de síntese. Departamento de Planeamento e Investigação do Desenvolvimento, Adis Abeba, Etiópia.

Okosun , A. E. et al (2009). Gestão do Crescimento Urbano das Cidades Nigerianas: A GIS Approach. In Journal of Environmental

Gestão e Segurança (JEMS)) Página inicial da revista: www.cepajournal. com

Recenseamento da População e Habitação da Etiópia (1994 E.C). Resultados para a região de Amhara, Vol.1, parte 1, Quadros 2.1, 2.7, 2.10, 2.17, Anexo II.2

Rahman Atique, (2006). Application of Remote Sensing and GIS Technique for Urban Environment Management and Development of Delhi, India, Applied Remote Sensing for Urban Planning Governance and Sustainability, http://www.springerlink.com/index/x5w74277j3I13959pdf.

Rao, Prakash (1983). Urbanization in India, Concept Publishing Company, New Delhi.

Ravindra K. et al (2011). Application of Remote Sensing and GIS for efficient Urban Planning in India.www.csre.iitb.ac.in/~csre/conf/wp-content/uploads/.../ OS4_13.pdf

Reddy, B. Sudhakar (2000). Urban Geography, A text book, Concept publishing company, New Delhi.

Samson Kassahun , Alok Tiwari, (2012).Urban Development in Ethiopia: Challenges and Policy Responses, The IUP Journal of Governance and Public Policy, Vol. 7, No. 1, pp. 59-65, março de 2012, http://countrystudies.us/ethiopia/44.htm.

Sudhira.H.S, T.V. Ramachandrana e K.S. Jagadish. (2004). Urban sprawl: metrics, dynamics and modeling using GIS, International Journal of Applied Earth Observations and Geoinformation", Vol. 5, pp. 29-39.

Sudhira, H. S. (2009). Reconhecimento e modelação de padrões de expansão urbana utilizando SIG. Grupo de Investigação sobre Energia e Zonas Húmidas, Centro de Ciências Ecológicas, Instituto Indiano de Ciência, Bangalore, Índia. Instituto Indiano de Ciência, Bangalore, Índia.

Tucker, C. (1980). Remote Sensing of leaf water content in the near infrared. Remote sensing of Environment 10, 23-32.

Tucker C., C. Vanparet, e A. Gaston. (1983). Deteção remota por satélite da produção total de matéria seca no Sahel senegalês. Remote Sensing Environment 17: 233-249.

Urbanização.(2010). Introdução à Urbanização. Disponível em: http://en.wikipedia.org/wiki/Urbanization

I want morebooks!

Buy your books fast and straightforward online - at one of world's fastest growing online book stores! Environmentally sound due to Print-on-Demand technologies.

Buy your books online at
www.morebooks.shop

Compre os seus livros mais rápido e diretamente na internet, em uma das livrarias on-line com o maior crescimento no mundo! Produção que protege o meio ambiente através das tecnologias de impressão sob demanda.

Compre os seus livros on-line em
www.morebooks.shop

Printed by Books on Demand GmbH, Norderstedt / Germany